CIP-Kurztitelaufnahme der Deutschen Bibliothek

Paulitz, Udo:
Österreichs Feuerwehrveteranen Fahrzeuge 1930—70 / Udo Paulitz. — 1. Aufl. — Erlensee bei Hanau: EFB-Verl., 1990
ISBN 3-88776-050-6
NE: HST

Über den Autor

Udo Paulitz, Jahrgang 1946, begann schon als Heranwachsender, sich für alle Bereiche älterer oder historischer Technik zu interessieren. Ende der siebziger Jahre spezialisierte er sich auf ältere Nutzfahrzeuge und dabei besonders auf den Sektor Feuerwehren. Zum damaligen Zeitpunkt aber waren bereits sehr viele historisch wertvolle Fahrzeuge außer Dienst gestellt oder verschrottet.

Da er — als begeisterter Fotoamateur — den Ehrgeiz hatte, alle irgendwie noch erreichbaren alten Fahrzeuge eigenhändig im Bilde festzuhalten, artete das Hobby bald in Arbeit aus. Es bedeutete nämlich, daß er alle Standorte selbst anfahren mußte. Die ganze Arbeit stand unter einem großen Zeitdruck, denn oftmals verschwanden die Fahrzeuge durch Ausmusterung oder Verkauf schneller von der Bildfläche, als daß sie der Autor an den unterschiedlichsten, oft hunderte Kilometer entfernten Standorten des In- und Auslandes aufsuchen und für das Archiv fotografieren konnte.

Mit österreichischen Feuerwehrfahrzeugen kam Udo Paulitz in größerem Umfang bei der Berufsfeuerwehr Salzburg im Sommer 1982 in Berührung. In den folgenden Jahren konnten neue Kontakte geknüpft und umfangreiche Stationierungshinweise zusammengetragen werden, die als Grundlage für die in 1984 und '85 durchgeführten sehr erfolgreichen Fototouren durch ganz Österreich dienten. Fast 18.000 Kilometer wurden dabei zurückgelegt.

Das dabei entstandene, weitgehend unbekannte Fotomaterial soll mit diesem Bildband der Öffentlichkeit zugänglich gemacht werden.

1. Auflage 1990

Gesamtherstellung: Druckerei Haus GmbH, Erlensee bei Hanau
Printed in Germany
ISBN 3-88776-050-6

Freiwillige Feuerwehr Tulln: Steyr 480, Ölsaugwagen, Bj. 1959, Mercedes-Benz LOD 3500, DL 26, Bj. 1934

BTF Vereinigte Metallwerke Ranshofen-Bernsdorf: Steyr 586, ULF, Rosenbauer-Aufbau, Bj. 1961; Steyr 586, RF, Rosenbauer-Aufbau, Bj. 1962

Freiwillige Feuerwehr Perchtoldsdorf: Steyr 680, TLFA 2000, Rosenbauer-Aufbau, Bj. 1964; Steyr 680, SRF, Rosenbauer-Aufbau, Bj. 1969

Inhalt

Vorwort und Einleitung

Die Entwicklung des Feuerwehrfahrzeugwesens vollzog sich in Österreich ähnlich wie in Deutschland. Nach der Jahrhundertwende erschienen die ersten Motorfahrzeuge bei großen österreichischen Wehren, die in den folgenden Jahren die pferdegezogenen Spritzenfahrzeuge abzulösen begannen. Als Basisfahrgestelle verwendete man einheimische Marken wie Austro Fiat, Austro Daimler, Gräf & Stift und Steyr aber auch so manches ausländische Fabrikat. Ende der zwanziger Jahre wurde auch so mancher großvolumige Pkw zu einem Feuerwehrfahrzeug umgerüstet.

Daimler-Autospritze mit 1000 l-Pumpe und Rosenbauer-Aufbau, Bj. 1904, Museumsfahrzeug der BTF Voest-Alpine, Krieglach

Ein entscheidender Einschnitt in die Fahrzeugbeschaffung der österreichischen Wehren entstand durch den 1938 erfolgten politischen „Anschluß" an das Deutsche Reich. Es gelangten in den folgenden Jahren größere Stückzahlen der vereinheitlichten deutschen Löschfahrzeugtypen nach Österreich, die vor allem für den Luftschutz benötigt wurden. Relativ viele der auf Mercedes-Benz L 1500 S aufgebauten „LLG" und auch andere Typen aus der damaligen Epoche haben bis weit in die achtziger Jahre — hervorragend gepflegt — bei den Wehren überlebt.

Das Jahr 1945 hinterließ — wie überall — auch bei den österreichischen Feuerwehren ein Chaos, das sich auch durch Improvisation nicht von heute auf morgen beseitigen ließ. Es herrschte allenthalben ein solcher Fahrzeugmangel, daß man in den ersten Jahren auf nahezu jedes einigermaßen geeignete Fahrgestell zurückgriff um es durch Umbau einsatzfähig zu machen. Dabei bediente man sich nicht nur der vielen deutschen Militärfahrzeuge, hier vorzugsweise des Opel Blitz 3 t und des Steyr 1500 A, sondern auch vieler Modelle der alliierten Streitkräfte, die man günstig erwerben konnte. Favoriten waren neben den Dodge und Willys Jeep-Geländefahrzeugen auch die GMC-Geländelastwagen und die schweren Kranwagen der US-Armee. Manche dieser Fahrzeuge gelangten auch über das österreichische Bundesheer nach der dortigen Aussonderung zu den Feuerwehren. Auch ehemalige österreichische Militärfahrzeuge — hier vor allem der Steyr 640 — wurden zu Löschfahrzeugen umgerüstet.

Die Firma Rosenbauer baute bis weit in die fünfziger Jahre viele Opel Blitz, aber auch andere Fahrgestelle zu Feuerwehrfahrzeugen um. Der Nachholbedarf an Tanklöschfahrzeugen war — wie in der Bundesrepublik Deutschland — auch in Österreich sehr groß. So überrascht es nicht, daß die Opel-Fahrgestelle vor allem mit TLF-Aufbauten versehen wurden. Bei der BF Wien wurde erst im Jahre 1974 der letzte Opel der Kriegsgeneration ausgesondert. Bei kleineren Wehren standen diese Typen aber noch weitaus länger im Dienst.

Anfang der fünfziger Jahre erschienen auch nach und nach Feuerwehrfahrzeuge auf neuen Nachkriegsfahrgestellen. Unter den leichteren Löschfahrzeugen gewannen die von Rosenbauer und Haberkorn auf Opel Blitz 1,75 t aufgebauten LLF große Bedeutung.

Ebenso wurden relativ viele Borgward B 2500 bzw. B 522 A für gleiche Zwecke verwendet. Die neuen Modelle waren auch dringend nötig, um die gelichteten, weitgehend auf Kriegsfahrgestellen basierenden Bestände zu verstärken.

Zur gleichen Zeit erschienen auch die ersten Vertreter der mittelschweren Haubenfahrzeuggeneration bei Steyr, die sich durch Zuverlässigkeit und Robustheit auszeichneten. Es waren die Typen Steyr 380, 480 und 586, die über ein Jahrzehnt lang in großen Stückzahlen zu Feuerwehren aufgebaut wurden. Auch hier überwogen die Tanklöschfahrzeuge bei weitem.

Drehleitern wurden fast ausschließlich von Magirus und Metz beschafft, die man auf Steyr-Chassis setzte. In einigen Fällen erwarb man aber auch noch in gutem Erhaltungszustand befindliche Fahrzeuge aus der Bundesrepublik Deutschland.

An dieser Stelle soll erwähnt werden, daß die BF Wien 1953 eine von Magirus/Ulm hergestellte Drehleiter mit 52 m Steighöhe — damals die höchste DL der Welt — auf einem Gräf & Stift-Fahrgestell in Dienst stellte. Diese Leiter war seinerzeit Ausstellungsstück auf der Frankfurter Automobilausstellung 1951. Sie existiert heute noch auf einem schweren Saurer-Chassis und wartet auf Restaurierung.

Zu Beginn der sechziger Jahre erschienen die ersten Steyr-Frontlenker der Typen 680 und 780, die allmählich die bisher gebräuchlichen Haubenfahrgestelle auch im Feuerwehrfahrzeugbau ablösten. Auch Opel behauptete mit dem neuen 1,9 Tonner und den Folgemodellen weiterhin eine starke Position. Ein wenig gewichtiger waren die verschiedenen Steyr-OM-Frontlenker, die ebenfalls in den sechziger Jahren recht häufig beschafft wurden.

Zu erwähnen wäre noch, daß Magirus-Deutz und Mercedes-Benz-Fahrgestelle bei Österreichs Feuerwehren keine sehr große Bedeutung erlangten, mit Ausnahme der aus der Bundesrepublik gebraucht erworbenen Fahrzeugen.

Der hier präsentierte Bilderbogen österreichischer Feuerwehren schließt ungefähr mit Beginn der siebziger Jahre. Alle Fahrzeuge wurden von mir in den Jahren 1984 und 85 (vereinzelt auch früher) selbst aufgenommen. Sie befanden sich damals zum großen Teil noch im Einsatzdienst.

Dieses Werk soll keine Enzyklopädie aller jemals bei österreichischen Wehren in Dienst gestellter Fahrzeuge dieses Zeitabschnittes sein. Es gibt aber — so glaube ich — doch eine gute Vorstellung von der Vielfältigkeit des Feuerwehrfahrzeugwesens in Österreich.

Ohne die verständnisvolle und tatkräftige Hilfe der unzähligen Wehrmänner und Privatpersonen hätte dieses Buch nicht entstehen können. Ihnen sei an dieser Stelle nochmals ganz herzlich gedankt.

Mögen möglichst viele der hier abgebildeten Veteranen der Nachwelt erhalten bleiben!

Udo Paulitz

Austro-Daimler-Autospritze mit 1000 l-Pumpe, 60 PS, Spitzer-Aufbau, Graz, Bj. 1928, Museumsfahrzeug der FF. Kirchberg a.d. Raab, fotografiert im April 1984

Austro Fiat-Autospritze Typ Fiat AFN/39 m. 1500 l-Pumpe, Knaust-Aufbau, Wien, Bj. 1928, Museumsfahrzeug der FF. Seekirchen, aufgenommen im April 1984

Perl-Autospritze u. Rüstfahrzeug m. Rosenbauer-Aufbau, 50 PS, Bj. 1931, Museumsfahrzeug der Linz Textil AG, Linz, vorm. Kleinmünchner Spinnerei, fotografiert im April 1985

Steyr 12 N — Autospritze m. 1000 l-Vorbaupumpe (ehemaliges Postfahrzeug v. 1927), 1929 zum Feuerwehrwagen umgebaut. Museumsfahrzeug der FF. Telfs, das Foto entstand im April 1984

NAG-Autospritze m. 750 l-Pumpe, 40 PS, ehemaliger Pkw, Umbau durch die Fa. Karl Damisch, St. Pölten, Bj. des Fahrgestells 1905, bis 1950 bei der BTF. Voest-Alpine, Traisen i. Einsatz, heute Museumsfahrzeug, aufgenommen im April 1985

Austro-Daimler-Autospritze m. 1000 l-Pumpe, Bj. 1904, Museumsfahrzeug der BF. Wien im April 1985

Steyr 1500 A, Leichtes Löschfahrzeug (LLF), 85 PS, Gesamtgewicht 4160 kg, Bj. 1942, ehemaliges Wehrmachtsfahrzeug, Umbau zum Feuerwehrfahrzeug durch die Fa. Rosenbauer 1950. 1985 bei der BTF. Autexa, Neufeld/Burgenland, vorm. Hanf-Jute u. Textilit Industrie AG im Einsatz.

Steyr 1500 A, LLF, techn. Daten wie oben, Bj. 1944, Umbau zu einem Löschfahrzeug durch die Fa. Rosenbauer 1954, bei der FF. Taxenbach, Löschzug Högmoos im April 1984 i. Einsatz.

Steyr 1500 A, LLF, Rosenbauer-Nachkriegs-Umbau, Baujahr d. Fahrgestells 1943. Im März 1985 bei der FF. Gießhübl i. Einsatz

Frontansicht des Fahrzeugs. Beachte den zwar nicht stilechten, aber neuzeitlich-zweckmäßigen Alu-Leiterpark

Steyr 1500 A, LLF, Rosenbauer-Umbau 1956, Rosenbauer 1250 l-Vorbaupumpe, Bj. des Fahrgestells 1940, im April 1984 voll funktionsfähiges Einsatzfahrzeug der FF. Berndorf.

Mercedes-Benz L 1500 S, LLF, ehemaliges Leichtes Löschgruppenfahrzeug (LLG), 6 Zylinder-Vergasermotor, 60 PS, 2594 ccm, Daimler-Benz-Aufbau, Bj. 1942, im April 1984 bei der FF. Laas i. Einsatz

Mercedes-Benz L 1500, LLF, ehemaliges LLG, 60 PS, Magirus-Aufbau, Bj. 1941, FF. Friedburg, April 1984

Mercedes-Benz L 1500, LLF, ehemaliges LLG, Rosenbauer-Aufbau, Bj. 1941, im April 1985 bei der FF. Mattighofen i. Einsatz

Mercedes-Benz L 1500 S, LLF, Rosenbauer-Aufbau mit nachträgl. angebauter Vorbaupumpe, Bj. 1942, im April 1985 Einsatzfahrzeug der FF. Seewalchen

Mercedes-Benz L 1500 S, LLF, Rosenbauer-Aufbau, Bj. 1942, im April 1985 noch von der FF. Frankenmarkt eingesetzt

Mercedes-Benz L 1500 S, LLF, Daimler-Benz-Aufbau, Bj. 1942, im April 1984 bei der FF. Bischofshofen i. Einsatz

Mercedes-Benz L 1500 S, LLF, Daimler-Benz-Aufbau, Bj. 1942. Bis auf den Farbanstrich befindet sich das Fahrzeug weitestgehend noch im Originalzustand. Stand im April 1985 bei der BTF. der Flachsspinnerei Stadt-Paura im Einsatz. Das Fahrzeug soll zwischenzeitlich an einen Sammler in der Bundesrepublik verkauft worden sein.

Mercedes-Benz L 1500 S, LLF, Daimler-Benz-Aufbau mit Vorbaupumpe, Bj. 1942, fotografiert im April 1981 bei der FF. Thalheim b. Wels

Mercedes-Benz L 1500 S, LLF, Daimler-Benz-Aufbau, Bj. 1941, bei der FF. Obervellach im März 1985 fotografiert

Mercedes-Benz L 1500 S, LLF, Nowack-Aufbau, Bj. 1943, im März 1985 Reservefahrzeug der FF. Lend-Embach

Mercedes-Benz L 1500 S, LLF, Rosenbauer-Aufbau, Bj. 1942, im April 1984 Einsatzfahrzeug der FF. Angath/Tirol

Mercedes-Benz L 1500 S. LLF, Rosenbauer-Aufbau, Bj. 1942, im März 1985 bei der FF. Pörtschach a.W. im Einsatz

Mercedes-Benz L 1500 S, LLF, Daimler-Benz-Aufbau mit Vorbaupumpe, Bj. 1943, im April 1984 bei der FF. Schrattenthal i. Einsatz

Mercedes-Benz L 1500 S, LLF, Daimler-Benz-Aufbau, Bj. 1943, FF. Thalgau Lz. Unterdorf, dort im April 1984 vorhanden

Mercedes-Benz L 1500 S, LLF, Daimler-Benz-Aufbau, Bj. 1943, Einsatzfahrzeug der FF. Mattsee/Salzburg im April 1984

Mercedes-Benz L 1500 S, LLF, Daimler-Benz-Aufbau, Bj. 1942, bei der FF. Rankweil/Vorarlberg im Mai 1985 im Einsatz, die seitlichen Chromstreifen wurden später angebracht

Mercedes-Benz L 1500 S, LLF, Daimler-Benz-Aufbau mit nachträglich angebauter Rosenbauer-Vorbaupumpe, Bj. 1942, im April 1985 Einsatzfahrzeuge der BTF. Nettingsdorfer Papierfabrik, Haid

Mercedes-Benz L 4500 F, Schweres Löschfahrzeug (SLF), ehemals LF 25, Bj. 1942, 2500 l-Pumpe, Metz-Aufbau, 6 Zylinder-Dieselmotor, 112 PS, 7270 ccm, 2250 U/min., aufgenommen im August 1982 bei der FF. Strasswalchen, dort im Jahre 1983 ausgemustert und seither Museumsfahrzeug bei der BF Salzburg. Beachte die Ansatzplatte für Schneepflug an der Fahrzeugfront

Magirus M 27, Löschgruppenfahrzeug LF 15, ehemals Kraftfahrspritze (KS) 15, Magirus-Aufbau, 6 Zylinder Dieselmotor, 70 PS, 4562 ccm, Bj. 1940, Alu-Leiterpark, ehemals vorhandene Vorbaupumpe wurde abgebaut, Einsatzfahrzeug der FF. St. Johann i. Pongau im April 1984

Klöckner-Humboldt-Deutz S 3000, Löschgruppenfahrzeug LF 15, ehemals schweres Löschfahrzeug (SLG), wassergekühlter 80 PS 4 Zylinder-Dieselmotor, Magirus-Aufbau, Bj. 1942, nachträglich auf dem Fahrzeugdach aufgebauter Gerätekasten, Einsatzfahrzeug der FF. Dornbirn/ Vorarlberg im Mai 1984

Opel Blitz 2,5-32/15 (1,5 t), LLF, ehemaliges LF 8, Koebe-Aufbau, Luckenwalde, Bj. 1939, bei der FF. St. Michael i. Lungau, Löschzug Oberweissburg im Mai 1984 i. Einsatz. Zu diesem Fahrzeug gehörte früher ein Tragkraft-Spritzenanhänger (TSA).

Opel Blitz 3,6-36 (3 t), Löschgruppenfahrzeug LF 15, Hartfaserplatten-Aufbau der Fa. Schoeller-Bleckmann, Ternitz, Bj. 1944, 75 PS, Rosenbauer-Vorbaupumpe später angebaut, im März 1985 bei der BTF. Vereinigte Edelstahlwerke AG, Ternitz noch vorhanden, aber nicht mehr im Einsatz

Opel Blitz 6700 A, (3 t), LLF, Rosenbauer-Nachkriegsumbau, Baujahr des Fahrgestells 1943, Vorbaupumpe, jetzt als Museumsfahrzeug in Privathand, ehemals FF. Regelsbrunn

Opel Blitz 3,6-36 (3 t), LLF, Rosenbauer-Nachkriegsumbau, Baujahr des Fahrgestells 1942, im April 1985 bei der BTF. Linz AG, ehemals Kleinmünchner Spinnerei, Linz vorhanden, nicht mehr im Einsatz

Opel Blitz 3,6-36 (3 t), LLF, Rosenbauer-Nachkriegsumbau 1950, Baujahr des Fahrgestells 1943, Vorbaupumpe, im April 1984 bei der FF. Salmannsdorf (ehemals FF. Oberwart) im Einsatzdienst

Opel Blitz 3,6-36 (3 t), LLF, Rosenbauer-Umbau 1952, Vorbaupumpe und Tragkraftspritze, Baujahr des Fahrgestells 1943, im März 1981 bei der FF. Heidenreichstein vorhanden

Opel Blitz 6700 A (3 t), LF 15, Rosenbauer-Nachkriegs-Umbau, Vorbaupumpe, Baujahr des Fahrgestells 1944, ehemals FF. Puch, im August 1982 Museumsfahrzeug der BF. Salzburg, von Rosenbauer seinerzeit unter der Bezeichnung „Pumpen- und Mannschaftswagen, Modell Puch'' angeboten

Opel Blitz 3,6-36 (3 t), LF 15, Magirus-Nachkriegs-Umbau, Baujahr des Fahrgestells 1942, im Mai 1984 Einsatzfahrzeug der FF. Götzis/Vorarlberg

Opel Blitz 1,75 t, LLF, Rosenbauer-Aufbau mit angebauter Vorbaupumpe, Bj. 1956, 62 PS, im April 1984 bei der FF. Piesendorf i. Einsatz

Opel Blitz 1,75 t, LLF, Rosenbauer-Aufbau mit angebauter Vorbaupumpe, Bj. 1958, 62 PS, im April 1984 Einsatzfahrzeug der FF. Aspang a W

Opel Blitz 1,75 t, LLF, Rosenbauer-Aufbau mit angebauter Vorbaupumpe, Bj. 1957, 62 PS, im April 1984 Einsatzfahrzeug der FF. Bürmoos/ Salzburg

Opel Blitz 1,75 t, LLF, Rosenbauer-Aufbau, Bj. 1955, FF. Stockerau, im März 1981 bereits ausgemustert

Opel Blitz 1,75 t, LLF, Rosenbauer-Aufbau, Bj. 1957, im März 1985 bei der BTF. Voest-Alpine, Krieglach im Einsatz

Opel Blitz 1,75 t, LLF, Rosenbauer-Aufbau mit angebauter Vorbaupumpe, Baujahr 1957, im April 1984 Einsatzfahrzeug der FF. Regau

Opel Blitz 1,75 t, LLF/RW, Gugg-Aufbau, Gugg-Vorbaupumpe, langer Radstand, Bj. 1960, im April 1985 bei der FF. Mattighofen im Einsatz

Opel Blitz 1,75 t der FF. Mattighofen, Seiten- und Heckansicht des Fahrzeuges

Opel Blitz 1,75 t, LLF, Rosenbauer-Aufbau mit Vorbaupumpe, Bj. 1958, im April 1984 b. der BTF. Vereinigte Metallwerke, Werk Berndorf im Eins.

Opel Blitz 1,75 t, LLF, Rosenbauer-Aufbau mit Vorbaupumpe, Bj. 1959, Einsatzfahrzeug der FF. Waidhofen a.d. Thaya im April 1984

Opel Blitz 1,75 t, LLF, Rosenbauer-Aufbau mit Vorbaupumpe, Bj. 1956, Einsatzfahrzeug der FF. Fusch a.d. Glocknerstr., Aufnahmedatum April 1984

Opel Blitz 1,75 t, LLF, Haberkorn-Aufbau mit Vorbaupumpe, Bj. 1959, bei der BTF. Neusiedler AG, Hirschwang im Eins., aufgenommen im März 1985

Opel Blitz 1,75 t, LLF, Rosenbauer-Aufbau mit Vorbaupumpe, Bj. 1959, fotografiert im März 1985 bei der FF. Mistelbach

Opel Blitz 1,75 t, KLF 6/Gerätewagen, Ziegler-Aufbau, Bj. 1956, ex. FF. Neuweiler/BRD, im März 1985 bei der FF. Hennersdorf im Einsatz

Unimog S 404, LLF (Eigenumbau), 6 Zylinder Vergasermotor 82 PS, Allradantrieb, Bj. 1958, FF. Strasswalchen Lz. Haidach, aufgenommen im April 1984

Unimog S 404, LLF, Pacher-Aufbau, Obervellach, Metz-Vorbaupumpe FP 8/8, Bj. 1960, im März 1985 bei der FF. Obervellach im Einsatz

Mercedes-Benz LF 311/42, LF 16, Metz-Aufbau, 100 PS, 6 Zylinder-Diesel, 4580 ccm, Bj. 1959, Reservefahrzeug der BF. Klagenfurt im April 1984

Hanomag AL 28, LFA, Rosenbauer-Aufbau mit Vorbaupumpe, Allradantrieb, 4 Zylinder-Diesel, 65 PS, aufgenommen im April 1984 bei der FF. Judendorf-Strassengel

Hanomag „Kurier'', LLF, Rosenbauer-Aufbau, 4 Zylinder Diesel, 50 PS, 2799 ccm, Bj. 1959, im April 1984 bei der FF. Kirchdorf a.d. Krems im Einsatz

Hanomag AL 28 Z, LFA/Rüstfahrzeug, Rosenbauer-Aufbau, Rolladen-Verschlüsse, 4 Zylinder-Diesel, 70 PS, Bj. 1967, im April 1984 bei der FF. Kremsmünster angetroffen

Opel Blitz 1,9 t, LLF, Breitfeld-Aufbau, 6 Zylinder-Vergasermotor, 70 PS, 2586 ccm, Bj. 1962, im März 1985 Einsatzfahrzeug der FF. Altlengbach

Opel Blitz 2,1 t, LLF, Walser-Aufbau, 6 Zylinder-Vergasermotor, 80 PS, 2490 ccm, Bj. 1968, aufgenommen bei der FF. Matrei a. Brenner im April 1984

Opel Blitz 2,1 t, LLF, Rosenbauer-Aufbau, Vorbaupumpe angebaut, Bj. 1967, im März 1985 bei der FF. Maria Enzersdorf im Einsatz

Opel Blitz 1,9 t, LLF, Rosenbauer-Aufbau mit angebauter Vorbaupumpe, Bj. 1961, aufgenommen im März 1984, Einsatzfahrzeug der FF. Adnet

Opel Blitz 1,9 t, LLF, Rosenbauer-Aufbau, Bj. 1961, im März 1985 bei der BTF. Voest-Alpine AG, Eisenerz im Einsatz

Opel Blitz 2,1 t, LLF, Breitfeld-Aufbau mit angebauter Vorbaupumpe, Bj. 1969, bei der FF. Lilienfeld im März 1985 im Einsatz

Borgward B 2500 A/O, LFA, Rosenbauer-Aufbau, Bj. 1958, Einsatzfahrzeug der FF. Altenmarkt Lz. Zauchensee im April 1984

Borgward B 522 A/O, LFA, Rosenbauer-Aufbau mit angebauter Vorbau-Seilwinde, 6 Zylinder-Vergasermotor, 82 PS, 2338 ccm, 4000 U/min, Bj. 1961, FF. Aigen, aufgenommen im April 1984

Borgward B 522 A/O, LFA, Rosenbauer-Aufbau mit angebauter Vorbaupumpe, Bj. 1960, im April 1984 bei der FF. St. Michael i. Lungau, Lz. St. Martin im Einsatz

Borgward B 522 A/O, LFA, Rosenbauer-Aufbau mit Vorbau-Seilwinde, Bj. 1960, aufgenommen im April 1984 bei der FF. Hartberg. Das Fahrzeug steht mittlerweile nicht mehr im Dienst

Borgward B 2500 A/O, LFA, Rosenbauer-Aufbau mit angebauter Vorbaupumpe, Bj. 1958, Einsatzfahrzeug der FF. Kirchberg a.d. Raab im April 1984

Borgward B 522 A/O, LFA, Rosenbauer-Aufbau mit Vorbaupumpe, Bj. 1961, im April 1984 bei der FF. St. Ruprecht a.d. Raab im Einsatz

Borgward B 522 A/O, LFA, Haberkorn-Aufbau mit angebauter Vorbaupumpe, Bj. 1961, Einsatzfahrzeug der FF. Gaisfeld im April 1984

Borgward B 2500 A/O, LFA, Haberkorn-Aufbau, Bj. 1959, im April 1984 bei der FF. Weiz im Einsatz

Borgward B 522 A/O, LFA, Rosenbauer-Aufbau mit angebauter Vorbau-Seilwinde, 6 Zylinder-Vergasermotor, 82 PS, 2338 ccm, 4000 U/min, Bj. 1961, Einsatzfahrzeug der FF. Pischelsdorf, aufgenommen im April 1984

Borgward B 522 A/O, LFA, Rosenbauer-Aufbau mit Vorbaupumpe, Bj. 1961, FF. Neukirchen a.d. Enknach, Aufnahmedatum April 1985

Borgward B 522 A/O, LFA, Haberkorn-Aufbau mit Vorbaupumpe, Bj. 1960, FF. Passeil, Aufnahmedatum April 1984

Borgward B 522 A/O, LFA, Rosenbauer-Aufbau mit Vorbaupumpe, Bj. 1961, im März 1985 bei der BTF. Tabakfabrik Fürstenfeld, Fürstenfeld im Einsatz

Borgward B 522 A/O, LFA, Haberkorn-Aufbau mit Vorbau-Seilwinde, Bj. 1961, Einsatzfahrzeug der FF. Frauenburg im April 1984

Jeep FC 170, LFA, Breitfeld-Aufbau, 6 Zylinder Diesel, 105 PS, 3600 U/min, Allradantrieb, Bj. 1962, Einsatzfahrzeug der FF. Sittendorf, aufgenommen im April 1985

Land-Rover, LFA, Rosenbauer-Aufbau, Bj. 1967, im April 1985 bei der FF. St. Valentin im Einsatz

Land-Rover, LFA, Rosenbauer-Aufbau, Bj. 1967, Einsatzfahrzeug der FF. Niklasdorf im April 1985

Steyr 586 A (Allrad), Löschfahrzeug (Eigenumbau), 6 Zylinder-Diesel, 120 PS, 2800 U/min, 5975 ccm, 7 t Nutzlast, 12 t Gesamtgewicht, Bj. 1964, Aufnahmedatum April 1984, bei der FF. Strasswalchen, Lz. Hager im Einsatz

Steyr 586 G, ULF, Allradantrieb, 120 PS, Rosenbauer-Aufbau, Bj. 1963, im März 1981 bei der FF. Steyr im Einsatz

Steyr 586, ULF 1800, Rosenbauer-Aufbau, Bj. 1961, Einsatzfahrzeug der BTF. Vereinigte Metallwerke Ranshofen-Berndorf, April 1985

Steyr 680, ULFA 2000, Rosenbauer-Aufbau, 1400 l-Pumpe, 750 kg Pulveranlage der Fa. Total, Bj. 1969, im August 1985 bei der FF. Seefeld/Tirol im Einsatz

Steyr 680, ULF 1500, Rosenbauer-Aufbau, 1600 l-Pumpe, 120 PS, 6 t Nutzlast, 10,5 t Gesamtgewicht, Bj. 1965, im April 1984 bei der FF. Bludenz im Einsatz

Opel Blitz 6700 A, TLFA 2500, Allradantrieb, ehemals Tankspritze (TS) 1,5, später als TLF 15 bezeichnet, 1500 l-Pumpe, Tankinhalt 2500 l Wasser, Bj. 1943, aufgenommen im Mai 1981 bei der FF. Dietach, dort bereits außer Dienst.

Opel Blitz 3,6-42, TLF 1600, 75 PS, 3626 ccm, 6 Zylinder-Vergasermotor, Baujahr des Fahrgestells 1939, Rosenbauer-Nachkriegsumbau 1947, aufgenommen bei der FF. Wörtherberg im April 1985, wo das Fahrzeug noch im Dienst stand.

Opel Blitz 6700 A, TLFA 2000, Rosenbauer-Nachkriegsumbau 1952 mit Vorbaupumpe, Baujahr des Fahrgestells 1942, im April 1985 bei der FF. Mistelbach Lz. Paasdorf im Einsatz

Opel Blitz 3,6-36, TLF 1700, Rosenbauer-Nachkriegsumbau mit Vorbaupumpe, Baujahr des Fahrgestells 1944, Einsatzfahrzeug der FF. Griffen im April 1984

Opel Blitz 6700 A, Schaumlöschfahrzeug 2000, Anfang der fünfziger Jahre von Rosenbauer umgebaut, Baujahr des Fahrgestells 1944, noch im August 1982 bei der BF. Salzburg als Einsatzfahrzeug vorhanden, 1984 aber außer Dienst gestellt.

Opel Blitz 6700 A, SLF 2000 der BF. Salzburg, Seitenansicht des Fahrzeugs

Mercedes-Benz L 4500 F, Wassertankwagen 5000 l mit 2500 l-Pumpe und Wasserwerfer auf dem Dach des Aufbaus, 250 l Schaummittel, ehemals LF 25, Umbau 1970 durch die Fa. Schwingenschlögel & Sohn, 6 Zylinder-Dieselmotor, 112 PS, 7270 ccm, 2250 U/min, Baujahr des Fahrgestells 1943, im August 1982 noch bei der BF. Salzburg im Einsatzdienst, seit 1983 außer Dienst, als Museumsfahrzeug aber erhalten geblieben

Mercedes-Benz L 4500, Wassertankwagen 5000 l, ausgerüstet mit Feuerlöschkreiselpumpe und Wenderohr, ehemals Lastkraftwagen der Wehrmacht, Baujahr des Fahrgestells 1941, aufgenommen im April 1984, damals bereits außer Dienst, zuletzt bei der FF. Untertauern im Einsatz

Opel Blitz 6700 A, TLFA 2500, Allradantrieb, ehemals Tankspritze 1,5, Baujahr 1942, im April 1984 bei d. FF. Salzburg i. Eins.

Opel Blitz 6700 A, TLFA 2500 der FF. Salzburg — Heckansicht des Fahrzeugs, das noch weitestgehend dem Urzustand entspricht

Opel Blitz 6700 A, TLFA 2500, ehemals TLF 15, der früher offene Aufbau wurde durch Umbau im Jahre 1960 umkleidet, Baujahr 1944

Opel Blitz 6700 A, TLFA 2500 — Seitenansicht des Fahrzeugs, das im März 1985 bei der FF. Mötz/Tirol i. Einsatz stand

Opel Blitz 3,6-42, TLF 1500, Rosenbauer-Nachkriegsumbau, Baujahr des Fahrgestells 1943, im April 1984 bei d. FF. Bad Vöslau i. Einsatz

Opel Blitz 3,6-42, TLF 1500 der FF. Bad Vöslau — Seiten- und Heckansicht des Fahrzeugs, Wassertankinhalt 1500 l

Opel Blitz 3,6-36, TLF 1700, Baujahr des Fahrgestells 1944, Rosenbauer-Umbau 1957 mit Vorbaupumpe, Einsatzfahrzeug der FF. Hainburg/Donau im April 1984

Opel Blitz 3,6-36, TLF 1700 der FF. Hainburg — Heckansicht des Fahrzeugs

Ford-Canada, TLFA 3000, Baujahr des Fahrgestells 1944, ehemals brit. Armee, Rosenbauer-Umbau 1955, ausgerüstet mit einer Tragkraftspritze, die als Vorbaupumpe angebaut wurde, im April 1985 noch bei der BTF. Nettingsdorfer Papierfabrik, Nettingsdorf-Haid im Einsatz

Steyr 2000, TLF 2000, Rosenbauer-Nachkriegsumbau 1952, von Rosenbauer früher als „Tankspritzwagen'' bezeichnet, Baujahr des Fahrgestells 1944, im April 1985 noch bei der FF. Leoben vorhanden, Heckpumpe und Steckleitersatz fehlen bereits

Steyr 2000, TLF 2000 der FF. Leoben — Heckansicht des Fahrzeugs, der Feuerwehrwagen war seinerzeit auf dem Gelände des Städt. Bauhofs untergestellt

Mercedes-Benz L 3000 S, TLF 2500, ehemals LF 15 mit Daimler-Benz-Aufbau, Nachkriegs-Umbau durch eine unbekannte Herstellerfirma zu einem TLF mit Rolladenverschlüssen, 4 Zylinder-Dieselmotor, 75 PS, 4850 ccm, 2250 U/min, Baujahr des Fahrgestells 1942, tadelloser Pflege- u. Erhaltungszustand, im April 1984 Einsatzfahrzeug der FF. Stallhofen

MAN ML 4500 S, Wassertankwagen (TW), 7000 l, Nachkriegsumbau, Baujahr des Fahrgestells 1944, 4,5 t Nutzlast, 6 Zylinder-Diesel, 110 PS, 7983 ccm, 1900 U/min, ehemals Lastkraftwagen, im März 1985 bei der FF. Eichgraben noch vorhanden, aber nicht mehr im Dienst

GMC CCKW 353, TLFA 2300, Nachkriegsumbau der Fa. Rosenbauer mit 1600 l-Vorbaupumpe, Baujahr des Fahrgestells 1945, ehemals US-Army, 91,5 PS, 4417 ccm, 6 Zylinder-Diesel, Allradantrieb, im April 1984 Einsatzfahrzeug der FF. Oberpullendorf

Dodge D 15, TLF 1000/Rüstwagen, Nachkriegs-Eigenumbau durch die FF. Maria Enzersdorf, heckseitig eingebaute Feuerlöschpumpe, Bj. 1938

Heckaufnahme des Fahrzeugs, beachte die Krananlage oberhalb der Pumpe, Aufnahmedatum April 1985

GMC CCKW 353, TLFA 2200, Baujahr des Fahrgestells 1945, Rosenbauer-Umbau 1960, Vorbaupumpe, das Fahrgestell wurde vermutlich vom österr. Bundesheer übernommen

Heckansicht dieses Fahrzeugs, ungewöhnlich der „bootsähnlich" verrundete Aufbau, Einsatzfahrzeug der FF. Paldau im April 1984

Magirus-Deutz S 3500, TLF 2400, Magirus-Aufbau, früher als TLF 15 bezeichnet, 4 Zylinder luftgekühlter Dieselmotor, 85 PS, 5322 ccm, Bj. 1950, von der FF. Zirl aus der BRD erworben, im März 1985 bei der FF. Pettnau/Tirol im Einsatzdienst

Austro Daimler ADGR, TLFA 2000, Allradantrieb 6x4, 1600 l-Pumpe, 72 PS, 3915 ccm, 6 Zylindermotor, ehemaliges Militärfahrzeug, Bj. 1940

Seitenansicht dieses Fahrzeugs, der Wagen stand zum Zeitpunkt der Aufnahme bei der FF. Aspang a.W. nicht mehr im Einsatz

Fordson V 8, TLFA 3000, Rosenbauer-Nachkriegsumbau, 1600 l-Pumpe, Baujahr des Fahrgestells 1943, 86 PS, ehemals brit. Armee

Heckansicht des Fahrzeugs, im April befand sich das mit einer Vorbaupumpe ausgerüstete Fahrzeug bei der FF. Mettmach im Dienst

Borgward B 522 A/O, TLFA 2000, Metz/Haberkorn-Aufbau, Alu-Schiebeleitern, Bj. 1961, bei der FF. Hörmsdorf im März 1985 im Dienst

Henschel HS 100 AK, TLFA 2500, 1000 l-Pumpe, Rosenbauer-Aufbau, Allradantrieb, 6 Zylinder-Diesel, 132 PS, 6126 ccm, 2600 U/min, Baujahr 1960, von der FF. Bad Gastein beschafft, im April 1984 bei der FF. Lend-Embach im Einsatz

Magirus-Deutz F 125 Mercur A, TLFA 2400, Magirus-Aufbau, 125 PS, 7983 ccm, 2300 U/min, luftgekühlter 6 Zylinder-Diesel, ehemaliges TLF 15, 1600 l-Pumpe, Bj. 1955, vermutlich von einer Feuerwehr aus der Bundesrepublik Deutschland erworben, im April 1984 bei der FF. Sulzbach im Einsatz

Ford FK 3500 A, TLFA 2400, Rosenbauer-Aufbau, Vorbaupumpe, Tankinhalt 2400 l Wasser, V 8-Vergasermotor, 100 PS, 3924 ccm, 3000 U/min, Bj. 1954, im April 1984 bei der FF. Waidhofen a.d. Thaya noch vorhanden, seit 1980 nicht mehr im Dienst

Mercedes-Benz LAF 311/36, TLFA 2400, Rosenbauer-Aufbau, 2400 l-Pumpe, 6 Zylinder-Diesel, 100 PS, 4580 ccm, 3000 U/min, Bj. 1959, ungewöhnlich ist der halboffene Geräteaufbau des Fahrzeugs, im April 1984 Einsatzfahrzeug der FF. Puch

Mercedes-Benz LAF 311/36, TLFA 2400, Metz-Haberkorn-Aufbau, 1600 l-Pumpe, Bj. 1959, im April 1984 bei der FF. Friesach im Einsatz

Mercedes-Benz LAF 3500/36, TLFA 2400, Metz-Aufbau, 1600 l-Pumpe, ehemaliges TLF 15 „Bayern-TLF", Turbolader 115 PS, 4580 ccm, 3000 U/min, Bj. 1954, von der FF. Partenkirchen/BRD erworben, im März 1985 bei der FF. Zirl im Einsatz

Mercedes-Benz LF 3500/42, TLF 2400, Metz-Glasenapp-Aufbau, 2400 l Wassertank, 1500 l-Pumpe, ehemals TLF 15 (Omnibusbauform), 6 Zylinder Diesel, 90 PS, 4580 ccm, 2800 U/min, Bj. 1953, von der BF. Berlin in Dienst gestellt und über die FF. Vaduz/Liechtenstein in den Besitz der FF. St. Gallenkirch/Vorarlberg übergangen. Dort im August 1985 noch im Einsatzdienst

Mercedes-Benz LAF 311/36, TLFA 2400, Metz-Haberkorn-Aufbau, 1600 l-Pumpe, Bj. 1960, im April 1985 bei der FF. Gunskirchen im Einsatz

Mercedes-Benz LAF 311/36, TLFA 2000, Rosenbauer-Aufbau, 1200 l-Pumpe, 100 PS, 4580 ccm, 3000 U/min, 6 Zylinder-Diesel, Bj. 1959, im April 1984 bei der FF. Kuchl im Einsatz

Mercedes-Benz LAF 311/36, TLFA 2400, Metz-Haberkorn-Aufbau, 1600 l-Pumpe, Bj. 1958, Einsatzfahrzeug der FF. Rankweil/Vorarlberg im Mai 1984

Mercedes-Benz LAF 311/36, TLFA 2400, Metz-Haberkorn-Aufbau, 1600 l-Pumpe, Bj. 1959, im März 1985 bei der FF. Radenthein im Einsatzdienst

Steyr 380, TLF 2400, Rosenbauer-Aufbau, offenliegender Tank, von Rosenbauer bei der Ablieferung als „Tankspritzwagen Modell Leoben'' bezeichnet, 4 Zylinder Diesel, 85 PS, 5322 ccm, 2200 U/min, 4 t Nutzlast, 8 t Gesamtgewicht des Fahrzeugs, heckseitig eingebaute 750 l Rosenbauer-Pumpe für Hoch- u. Normaldruck, Schnellangriffseinrichtung am Heck, Bj. 1953, im April 1985 noch als Einsatzfahrzeug bei der FF. Leoben vorhanden

Steyr 380 — Frontansicht des TLF 2400 — Lackierung, Blaulichter und Alu-Leiterpark entsprechen nicht mehr dem Ablieferungszustand des Fahrzeugs

Heckansicht des Fahrzeugs, gut erkennbar die Schnellangriffseinrichtung mit 40 m Schlauchlänge und die Heckpumpe. Feuerlöscher umd Schaummittelkanister wurden nachträglich angebracht

Steyr 280, TLF 3500, Rosenbauer-Aufbau, Wassertank 3500 l, Heckpumpe 750 l, Schnellangriffseinrichtung mittels Gummischlauch auf Haspel am Heck, Eigengewicht des Fahrzeugs 4,3 t, Nutzlast 4,4 t, Bj. 1949, die Truppfahrerkabine ist noch mit der geteilten Frontscheibe ausführt, im April 1985 bei der Werkfeuerwehr (BTF.) der Flachsspinnerei Stadl-Paura, vormals Lambacher Flachsspinnerei noch im Dienst

Seitenansicht dieses tadellos gepflegten Feuerwehrwagens. An dem Fahrzeug sind seit der Ablieferung vom Werk kaum Änderungen vorgenommen worden

Steyr 380, TLF 2500, Rosenbauer-Aufbau, offenliegender Tank und Vorbaupumpe, 4 Zylinder-Diesel, 85 PS, 5322 ccm, 2200 U/min, Bj. 1957, im April 1985 bei der FF. St. Georgen i. Attergau im Einsatz

Steyr 380, TLF 4000, Eigenumbau der FF. Neulengbach, ehemaliger Fahrschulwagen, offenliegender 4000 l-Wassertank, Bj. 1957, aufgenommen im April 1985 bei der FF. Neulengbach

Steyr 480, TLF 2000, Dietbör-Aufbau Schärding, Pumpe und Schnellangriffseinrichtung am Heck, 4 Zylinder Diesel, 95 PS, 5322 ccm, 2300 U/min, Nutzlast 5 t, Bj. 1956, aufgenommen im April 1985 bei der BTF. Nettingsdorfer Papierfabrik, Haid

Steyr 480, TLF 2000 der BTF. Nettingsdorfer Papierfabrik — Seitenansicht des Fahrzeugs, Fahrer- u. Mannschaftskabine ist für 6 Mann Besatzung ausgelegt

Steyr 380, TLF 2000, 60 l Schaummittel, Metz-Aufbau, Bj. 1957, Einsatzfahrzeug der FF. Braunau/Inn, aufgenommen im April 1984

Steyr 380, TLF 1500, Walser-Aufbau, Wassertankinhalt 1500 l, 1200 l-Rosenbauer-Pumpe, Gruppenfahrerhaus für 9 Mann Besatzung, Bj. 1956, im Mai 1984 bei der FF. Bludenz/Vorarlberg im Einsatz

Steyr 580, TLF 4000, Eigenumbau der FF. Kitzbühl/Tirol, Bj. des Fahrgestells 1958, dort im März 1985 noch im Einsatz

Steyr 380, SLF (Schweres Löschfahrzeug), Eigenumbau, 800 l-Pumpe, Bj. 1958, Aufnahmedatum April 1984, FF. Schleedorf

Steyr 586, TLF 4000, (ehem. Schaumlöschfahrzeug der BF. Wien), Rosenbauer-Aufbau, Bj. 1961, aufgenommen bei der FF. Tulbing im April 1985

Steyr 480, TLF 3000, Aufbau Fa. Seewald/Oberalm, ehem. Lkw, Bj. 1957, im April 1984 bei der FF. Salzburg, Lz. Itzling im Einsatzbestand

Steyr 380, TLF 1500, Rosenbauer-Aufbau, mit Zusatzausstattung als Rüstwagen, Alu-Schiebeleitern, Gruppenkabine für 9 Mann, Bj. 1955, aufgenommen im April 1984 bei der FF. Attnang

Steyr 380, TLF 1500, Rosenbauer-Aufbau, Bj. 1954, im April 1984 Einsatzfahrzeug der FF. Regau

Steyr 380, TLF 1500, Rosenbauer-Aufbau, Bj. 1958, Einsatzfahrzeug der FF. Gross-Siegharts. Als das Fahrzeug im April 1984 fotografiert wurde, war es erst vor kurzer Zeit von einer anderen Wehr als Ersatz für ein durch Verkehrsunfall zerstörtes Fahrzeug gleicher Art übernommen worden. Daher die noch fehlende Türaufschrift.

Steyr 380, TLF 1500, Rosenbauer-Aufbau, Gruppenkabine für 9 Mann, Wassertank 1500 l, Bj. 1955, Einsatzfahrzeug der FF. Leibnitz im April 1985

Steyr 380, TLF 2000, Rosenbauer-Aufbau, 1600 l-Pumpe, Schlauchhaspel am Heck, Bj. 1955, im April 1984 bei der FF. Oberalm im Dienst

Steyr 580, TLFA 2500, Rosenbauer-Aufbau, Allradantrieb, Bj. 1958, Einsatzfahrzeug der FF. Frankenmarkt im April 1985

Steyr 480, TLF 2000, Haberkorn-Aufbau, Gugg-Pumpe, Bj. 1958, im März 1985 bei der FF. Vordersdorf im Einsatz

Steyr 380, TLF 1500, Rosenbauer-Aufbau mit angebauter Vorbaupumpe, Bj. 1957, aufgenommen bei der FF. Weiz im März 1985

Steyr 580, TLFA 2000, Rosenbauer-Aufbau, Allradantrieb, Bj. 1957, Einsatzfahrzeug der FF. Bad Goisern im April 1985

Steyr 586, TLF 2000, Rosenbauer-Aufbau, 6 Zylinder-Diesel, 120 PS, 5975 ccm, 2800 U/min, 12 t Gesamtgewicht, Nutzlast 7 t, Bj. 1960, Einsatzfahrzeug der BTF. Zuckerfabrik Tulln im April 1984

Steyr 586, TLF 2000, Rosenbauer-Aufbau, Bj. 1963, im März 1985 bei der FF. Voitsberg im Einsatzbestand

Steyr 380, TLF 1500, Rosenbauer-Aufbau, Gruppenkabine, neuer Alu-Leitpark, offensichtlich erst vor kurzer Zeit generalüberholt, Bj. 1954, bei der FF. Hargelsberg im April 1985 im Einsatz

Steyr 480, TLF 2400, Rosenbauer-Aufbau, Bj. 1958, aufgenommen bei der FF. Reutte/Tirol im März 1985

Steyr 586, TLFA 2000, Rosenbauer-Aufbau, Vorbauseilwinde angebaut, Bj. 1960, Einsatzfahrzeug der FF. St. Pölten, Lz. Viehofen im April 1984

Steyr 380, TLF 2000, Rosenbauer-Aufbau, Bj. 1961, aufgenommen im April 1985 bei der FF. Kapfenberg-Arndorf

Steyr 586, TLFA 2000, Rosenbauer-Aufbau, Bj. 1963, im Einsatz bei der FF. Niklasdorf im April 1985

Steyr 586, TLF 2000, Rosenbauer-Aufbau, Baujahr 1965, im April 1984 bei der FF. St. Pölten, Lz. Wagram im Einsatz

Steyr 586, TLF 2000, Rosenbauer-Aufbau, Baujahr 1962, aufgenommen im April 1985 bei der FF. Ebensee

Steyr 586, TLF 4000, Rosenbauer-Aufbau mit angebauter Vorbau-Seilwinde, Wenderohr auf dem Dach des Fahrzeugaufbaus, Schnellangriffshaspel und Pumpe am Fahrzeugheck, 132 PS, 5976 ccm, 2800 U/min, 6 Zylinder Diesel, Bj. 1964, bei der FF. Leibnitz im April 1985 i. Eins.

Steyr 586, TLF 4000, Rosenbauer-Aufbau, Bj. 1961, aufgenommen bei der FF. Königsdorf/Burgenland im März 1985

Heckansicht des TLF 4000 der FF. Königsdorf mit offenliegender Heckpumpe und Schnellangriffseinrichtung

Steyr 480, TLF 2000, Rosenbauer-Aufbau, 1600 l-Pumpe, Bj. 1960, im April 1984 im Einsatz bei der FF. Bruck a.d. Glocknerstr.

Steyr 480, TLF 2000, Rosenbauer-Aufbau, Bj. 1963, aufgenommen im Mai 1981 bei der FF. Stockerau

Opel-Blitz 1,9 t, TLF 1000, Rosenbauer-Aufbau, 6 Zylinder-Vergasermotor, 70 PS, 2586 ccm, 3600 U/min, Bj. 1964, im März 1985 bei der FF. Rekawinkel im Einsatz

Opel Blitz 1,9 t, TLF 1000, Rosenbauer-Aufbau, Schnellangriffseinrichtung und Pumpe am Heck, Bj. 1964, aufgenommen im April 1984 bei der FF. St. Johann i. Pongau

Opel Blitz 2,1 t, TLF 1000, Rosenbauer-Aufbau, Schnellangriffseinrichtung und Pumpe am Heck, 6 Zylinder-Vergasermotor, 2490 ccm, 4500 U/min, 80 PS, Bj. 1967, aufgenommen im März 1985 bei der FF. Giesshübl

Magirus-Deutz F 150 A, TroLF 2000 (Pulverlöschfahrzeug), Total-Aufbau, 6 Zylinder-Diesel-V-Motor, 150 PS, 9500 ccm, 2300 U/min, Bj. 1968, im April 1985 bei der BF. Innsbruck im Einsatz

Ford A 0610, TLF 1000, Rosenbauer-Aufbau mit Rolladenverschlüssen, Bj. 1977, aufgen. im April 1985 bei der BTF. Voest-Alpine, Traisen

Mercedes-Benz LF 710/36, TLF 2000, Rosenbauer-Aufbau, 1600 l-Pumpe, Bj 1969, 100 PS, bei der FF. Maishofen i. Eins. im April 1984

Hanomag-Henschel F 150 AK II, TLFA 4000, Rosenbauer-Aufbau, 6 Zylinder Diesel, 192 PS, 8720 ccm, Bj. 1974, aufgenommen bei der FF. Seefeld im August 1985

Heckansicht des TLF 4000 der FF. Seefeld, beachte das Wenderohr auf dem Fahrzeugdach

Steyr-OM Tigrotto 50, TLF 2000, Rosenbauer-Aufbau, Vorbauseilwinde, Schnellangriffseinrichtung und Pumpe am Heck des Fahrzeugs, 92 PS, 8 t Gesamtgewicht, Bj. 1966, aufgenommen im März 1985 bei der FF. Schwaz

Steyr 680, TLF 4000, Aufbau der Fa. Pacher, Obervellach, 120 PS, Bj. 1969, aufgenommen im März 1985 bei der FF. Obervellach

Steyr-Fiat-OM Baribbi, TLFA 1500, Rosenbauer-Aufbau, 100 l Schaummittel, Bj. 1967, im April 1985 bei der FF. St. Georgen/Attergau i. Eins.

Steyr-OM Leoncino EL, TLF 2400, Rosenbauer-Aufbau, 85 PS, Bj. 1968, im März 1985 Einsatzfahrzeug der FF. Villach

Steyr-OM Tigrotto, TLF 2400, Rosenbauer-Aufbau, 1800 l-Pumpe, 260 l Schaummittel, Bj. 1967, Wenderohr auf dem Dach, 70 PS, Einsatzfahrzeug der FF. Wiener-Neustadt im April 1984

Mercedes-Benz L 306 D, TLF 1000, Danubia-Aufbau, Tribuswinkel, 4 Zylinder Diesel, 60 PS, 2197 ccm, 4200 U/min, 3,5 t Gesamtgewicht, Bj. 1975, im April 1984 bei der FF. Wiener-Neustadt im Einsatzdienst

Steyr-OM Tigrotto 50, Schlauchwagen (SW) 2000, Eigenumbau, 92 PS, 5 t Nutzlast, 8 t Gesamtgewicht, Bj. 1966, im April 1984 bei der FF. Wiener-Neustadt im Einsatz

Steyr 680, SLF (Schweres Löschfahrzeug), Rosenbauer-Aufbau, 1600 l-Pumpe, Schlauchhaspel am Heck, 120 PS, 10,5 t Gesamtgewicht, Bj. 1970, Einsatzfahrzeug der FF. Hallein im April 1984

Steyr 780 F, TLF 4000, Breitfeld/Total-Aufbau, 400 l Schaummittel, 132 PS, 7,5 t Nutzlast, 13 t Gesamtgewicht, Bj. 1966, Einsatzfahrzeug der FF. Klagenfurt Lz. Haidach im April 1984

Steyr 680, TLFA 2000, Rosenbauer-Aufbau, 120 PS, Bj. 1954, im März 1985 bei der FF. Perchtoldsdorf im Einsatz

Steyr 680 A, TLFA 3000, Rosenbauer-Aufbau, 3000 l Wassertank, 300 l Tutogen, 1500 l — Feuerlöschpumpe, 120 PS, Bj. 1967, im April 1984 auf einem Fliegerhorst des österreichischen Bundesheeres im Dienst

Steyr 980, TLF 2400, Rosenbauer-Aufbau, Vorbauseilwinde, Gruppenkabine, Bj. 1965, im März 1985 bei der FF. Mayrhofen im Einsatz

Steyr 680, TLF 2000, Rosenbauer-Aufbau, Bj. 1967, im April 1985 im Dienst bei der BTF. Nettingsdorfer Papierfabrik, Haid

Steyr 680, TLF 4000, Rosenbauer-Aufbau, Vorbauseilwinde angebaut, Truppkabine, Pumpenstand am Heck, Wenderohr auf dem Dach, Bj. 1970, aufgenommen im April 1984 bei der FF. Lamprechthausen

Steyr 680, TLFA 2000, Rosenbauer-Aufbau, Bj. 1967, im April 1985 Einsatzfahrzeug der FF. Mattighofen

Scania SBA 110/40, Tankwagen 4000 (TW), Eigenumbau, Rosenbauer-Tragkraftspritze, 13,2 t Gesamtgewicht des Fahrzeugs, von der Schwedischen Armee übernommen, Bj. 1980 aufgenommen im April 1985 bei der FF. Tulln. Dieses ist zwar kein ausgesprochen altes Fahrzeug, dafür aber ein sehr interessantes Beispiel für einen Feuerwehr-Eigenumbau

Steyr 780, Tankwagen 8000 (TW), ehemaliger Benzintankwagen, Aufbau Fa. Wiener Dampfkesselfabrik Jaschka & Sohn, 132 PS, Bj. 1963, Einsatzfahrzeug der FF. Totzenbach im März 1985

Mercedes-Benz LP 1013, Tankwagen 6000 (TW), Draxler-Aufbau, Leibnitz, 126 PS, 5675 ccm, 2800 U/min, 6 Zylinder-Dieselmotor, 10,5 t Gesamtgewicht, Bj. 1972, Einsatzfahrzeug der FF. Leibnitz im April 1985

Mercedes-Benz LP 1619/B, Tankwagen 7000 (TW), Schwingenschlögel-Aufbau, 192 PS, 8720 ccm, 2500 U/min, 6 Zylinder-Dieselmotor, 16 t Gesamtgewicht, Bj. 1972, im März 1985 bei der FF. Altlengbach im Einsatzdienst

Mercedes-Benz LOD 3500, Drehleiter DL 26 m (mit mechanischem Antrieb der Leiterbewegungen), 95 PS, Metz-Aufbau, Bj. 1934, der Leiterpark besitzt zusätzlich 3 m Handauszug, im Jahre 1957 total restauriert und im April 1985 noch immer als Einsatzfahrzeug der FF. Tulln vorhanden. Dieser Veteran ist hervorragend gepflegt und auch technisch im besten Zustand.

Heckansicht der DL 26 der FF. Tulln. Beachte den charakteristischen Antrieb über Zahnkranz und Kette, der für Metz-Leitern der damaligen Zeit typisch war

Mercedes-Benz LOD 3500, Drehleiter DL 26 m, Metz-Aufbau, Bj. 1935, ehemals FF. Leoben, Totalrestauration, voll einsatzfähiges Fahrzeug bei der BTF. Steiersche Brauindustrie, Brauerei Göss, Leoben. Das Fahrzeug besaß früher eine Vorbaupumpe, die aus Gewichtsgründen (schwere Lenkbarkeit des Fahrzeugs wegen der stark belasteten Vorderachse) abgebaut wurde.

Mercedes-Benz L 4500 F, DL 22 m (Drehleiter mit mechanischem Antrieb), ehemals als „Schwere Drehleiter (SDL)" an das Reichsluftfahrtministerium geliefert, Magirus-Aufbau, 112 PS, 7270 ccm, 2250 U/min, 10 t Gesamtgewicht, Bj. 1942, Einsatzfahrzeug der FF. Schwaz im März 1985

Magirus FL 145, DL 26 m, Magirus-Aufbau, 125 PS, Bj. 1940, ehemals BF. Wien, unrestauriert, fotografiert im Oktober 1980 bei Steyr

Magirus FL 145, DL 26 m, Metz-Aufbau (ganz selten!), ehemals BF. Salzburg, nicht mehr im Dienst, aufgenommen im August 1982

Mercedes-Benz L 4500 F, DL 22 m, Magirus-Aufbau, Bj. 1943, neue Scheinwerfer, im April 1985 bei der FF. Wels im Dienst

Mercedes-Benz L 4500 F, DL 22 m, Magirus-Aufbau, Bj. 1943, ehemals BF. Wien im April 1984 im Dienst der FF. Korneuburg

Mercedes-Benz L 1500 S, Drehleiter DL 17 m, ehemals „Leichte Drehleiter (LDL)'', 60 PS, 6 Zylinder-Vergasermotor, Bj. 1943, bei der FF. Wörgl im April 1984 noch im Einsatz

Dodge WC 6x6 (Allradantrieb), DL 18 m Seethaler-Leiteraufbau, Vorbauseilwinde, eine typische Nachkriegs-Behelfskonstruktion, Bj. des Fahrgestells 1945, im April 1984 bei der FF. Kirchberg a.d. Raab noch vorhanden und im Einsatz stehend

Magirus-Deutz S 3500, DL 25 m, Magirus-Aufbau, Staffelkabine, 85 PS, 5322 ccm, 2300 U/min, Bj. 1951, ehemals an die US-Army geliefert, im März 1984 bei der FF. Vösendorf im Einsatzdienst

Mercedes-Benz LF 311/36 Drehleiter DL 18 m, Metz-Aufbau, 100 PS, im April 1984 als Einsatzfahrzeug bei der FF. Hard/Vorarlberg angetroffen, die den Wagen von der deutschen FF. St. Blasien übernommen hatte

Mercedes-Benz LF 3500/36, DL 22 m, Metz-Aufbau, 90 PS, Bj. 1950, im März 1985 b. der FF. Mayrhofen im Eins., ehemals FF. Bad Homburg/BRD

Mercedes-Benz LF 3500/42, DL 25 m, Metz-Aufbau, Bj. 1953, im April 1984 bei der FF. Purkersdorf im Einsatz, ehemals FF. Bad Säckingen/BRD

Magirus-Deutz F 125 Mercur, DL 25 h, 125 PS, Magirus-Aufbau, Bj. 1958, im März 1985 bei der FF. Zirl, ehemals FF. Mittenwald/BRD

Magirus-Deutz F 125 Mercur, DL 30 h, Magirus-Aufbau, Bj. 1958, im April 1984 bei der FF. Bad Gleichenberg, ehemals BF. Solingen/BRD, zwischenzeitlich von dort als Museumsfahrzeug zurückerworben

Mercedes-Benz LF 325/52, DL 30 m, Metz-Aufbau, 125 PS, 7270 ccm, 2200 U/min, 6 Zylinder-Diesel, Bj. 1955, im April 1985 bei der BF. Klagenfurt als Reservefahrzeug im Dienst, von der BF. Fürth/BRD übernommen

Saurer-Diesel, DL 50+2 m, Magirus-Aufbau, Leiter von 1952, damals die höchste Drehleiter der Welt, Baujahr des Fahrgestells 1959

Seitenansicht der DL 50+2, das Fahrzeug war im März 1985 bei der BF. Wien vorhanden, aber noch nicht restauriert

Steyr 380, Drehleiter DL 16 m, Titan-Aufbau, Wien, ehemals Straßenbeleuchtungsfahrzeug, Bj. 1959, im März 1985 bei der FF. Kobersdorf im Einsatz

Steyr 380, Drehleiter DL 16 m, Titan-Aufbau, Bj. 1957, im April 1985 bei der FF. Gloggnitz im Dienst

Steyr 480 ZF, Drehleiter DL 24 mit elektrischem Leiterantrieb, Just-Aufbau, 95 PS, 5322 ccm, 2300 U/min, 4 Zylinder-Dieselmotor, ehemals Lkw, Bj. des Fahrgestells 1961, im April 1984 bei der FF. Oberpullendorf im Einsatzdienst

Steyr 480, DL 17 m, Metz-Leiter von 1943, Eigenumbau, Baujahr des Fahrgestells 1966, FF. Eisenerz April 1985

Steyr 380, DL 22 m, Magirus-Aufbau, Bj. 1955, ehemals FF. Bad Ischl, im April 1985 bei der FF. Gallneukirchen im Einsatz

Steyer 380, DL 25 m, Metz-Aufbau, Staffelkabine, Bj. 1959 im April 1984 bei der FF. Hallein im Einsatz

Steyr 380, DL 25 m, Metz-Aufbau, Bj. 1960, Einsatzfahrzeug der FF. Braunau/Inn im April 1984

Mercedes-Benz L 322, DL 25+2 m (mit 2 m Handauszug), Ehrsam-Leiter, 6 Zylinder-Diesel, 110 PS, 3000 U/min, 5104 ccm, 10,5 t Gesamtgewicht, Bj. 1962, im April 1985 Einsatzfahrzeug der FF. Fürstenfeld

MAN 520 HLF, DL 30 h (hydraulischer Antrieb), Metz-Aufbau, 6 Zylinder-Diesel, 120 PS, 5891 ccm. 2700 U/min, 9.8 t Gesamtgewicht, Bj. 1959, ehemals BF. Nürnberg/BRD, im April 1984 im Einsatz bei der FF. Baden b. Wien

Mercedes-Benz LF 1418/46, DL 37 h, Truppkabine, Metz-Aufbau, 6 Zylinder-Diesel, 180 PS, 10810 ccm, 2200 U/min, 14 t Gesamtgewicht, Bj. 1964, im April 1984 Einsatzfahrzeug der FF. St. Pölten

Steyr 680, Gelenkbühne (GB) 20, Nummela-Rosenbauer-Aufbau, Allradantrieb, 150 PS, Rosenbauer-Tragkraftspritze wird mitgeführt, Bj. 1969, im August 1985 bei der FF. Seefeld/Tirol im Einsatz

Opel Blitz 1,75 t, DL 17 m, Seethaler-Leiter, Bj. 1956, im April 1984 bei der FF. Untertauern, Lz. Obertauern im Einsatzdienst angetroffen

Opel Blitz 2,1 t, DL 18 m, Magirus-Aufbau, Staffelkabine, Baujahr des Fahrgestells 1968 (Leiterpark ist älter), im März 1985 bei der FF. Inzing/Tirol

VW Typ 26, DL 15 m, Just-Leiterpark, Eigenumbau auf ein Fahrzeug der ÖBB, 50 PS, Bj. 1970, im April 1984 bei der FF. Kremsmünster im Einsatz

Mercedes-Benz L 1113, DL 22 m, Metz-Leiter von 1943, Baujahr des Fahrgestells 1967, im April 1984 im Einsatz bei der FF. Retz (Eigenumbau)

Dodge T 214 — WC 52, Schlauchfahrzeug (SF) 2000, Eigenumbau, ehemals US-Army, Baujahr des Fahrgestells 1945, Nachkriegsumbau, im April 1984 bei der FF. Lofer im Einsatz

Unimog S 404, Schlauchfahrzeug (SF) 900, Eigenumbau 1966, Bj. des Fahrgestells 1955, 82 PS, 4850 U/min, 2195 ccm, 6 Zylinder-Vergasermotor, Allradantrieb, bei der FF. Mayrhofen im März 1985 im Einsatz

Klöckner-Humboldt-Deutz (KHD) S 330, Schlauchfahrzeug (SF) 1000, ehemals Schlauchwagen S 3, Magirus-Aufbau, 4 Zylinder-Dieselmotor, 80 PS, Bj. 1942, im April 1984 bei der BF. Salzburg als Museumsfahrzeug vorhanden

Steyr 380, Katastropheneinsatzleitfahrzeug, 4 Zylinder-Diesel, 90 PS, 5322 ccm, 2200 U/min, Bj. 1961, bei der BF. Salzburg im März 1985 im Dienst

VW Typ 25, Sonderbus, umgebaut zum Kommandofahrzeug, 4 Zylinder-Boxermotor, 42 PS, 1493 ccm, 3800 U/min, Bj. 1963, Einsatzdienst bei der BTF. Neusiedler AG, Hirschwang

Steyer 380, Kommandofahrzeug (ehemals Strahlenmesswagen), Baujahr 1961, im März 1985 Einsatzfahrzeug bei der Landesfeuerwehrschule Klagenfurt

Dodge T 214 — WC 52, Rüstfahrzeug mit Kran, ehemals Geländefahrzeug der US-Army, Baujahr 1945, bei der FF. Neudorf-Groß Pesendorf im April 1984 im Einsatz

Hanomag SS 100, Abschleppkranwagen, Nachkriegsumbau aus einer Straßen-Zugmaschine (SS), 100 PS, 1550 U/min, 8553 ccm, 6 Zylinder-Diesel, 6,5 t Gesamtgewicht, Eigenumbau mit seitlichen Rolläden zur Geräteunterbringung und heckseitig angebrachter Krananlage, Baujahr des Fahrgestells 1942, bis zur Außerdienststellung Ende der 70er Jahre Gesamtkilometerleistung von 850.000! Im August 1982 bei der BF. Salzburg als Museumsfahrzeug vorhanden

Magirus-Deutz F Jupiter A, Rüstkranwagen (RKW) 10, Magirus-Aufbau, 10 t Krananlage, Notstromaggregat, Vorbauseilwinde angebaut, Sirene auf dem Kotflügel, 170 PS, 10644 ccm, 2300 U/min, luftgekühlter V 8-Dieselmotor, 14,6 t Gesamtgewicht, Baujahr 1959, Einsatzfahrzeug der FF. Villach im März 1985. Bis dahin 1.710 Einsätze geleistet!

Magirus-Deutz S 6500, Rüstkranwagen (RKW) 7, Magirus-Aufbau, 13 t Gesamtgewicht, ähnliche Daten wie das Fahrzeug der FF. Villach, Baujahr 1955, bei der FF. Waidhofen a.d. Thaya beheimatet, aufgenommen im April 1984

Der Villacher Rüstkranwagen in einer schräg-seitlichen Aufnahme

Mercedes-Benz LAF 710, Rüstfahrzeug mit Allradantrieb (RFA), Rosenbauer-Aufbau, 4,5 t Seilwinde, 100 PS, 2900 U/min, 5675 ccm, 6 Zylinder-Diesel, Baujahr 1969, Krananlage am Fahrzeugheck, im April 1985 bei der FF. Leoben im Einsatz

Mercedes-Benz LAF 1113 B, Rüstkranwagen (RKW) 5, Rosenbauer-Aufbau, 5 t Krananlage, 6 Zylinder-Diesel, 126 PS, 2800 U/min, 5675 ccm, Baujahr 1967, bei der FF. Mistelbach im März 1985 im Einsatz, ausgerüstet mit einer Vorbauseilwinde

Mercedes-Benz LAF 710, Kranwagen 2,5 t, Eigenumbau, 6 Zylinder-Diesel, 100 PS, 5675 ccm, 2900 U/min, Baujahr 1967, Einsatzfahrzeug der BF. Innsbruck im April 1985

Steyr 586 G, Rüstfahrzeug mit Kran (RFKR), Allradantrieb, 5 t Krananlage am Heck, Häger-Aufbau, Seilwinde vorn, 6 Zylinder-Diesel, 120 PS, Bj. 1960, im Einsatz bei der FF. Haidershofen im April 1985

Steyr 586 G, Kranwagen und Gerätewagen mit 2 t Krananlage, Rosenbauer-Aufbau, Bj. 1964, 132 PS, 5976 ccm, 2800 U/min, 6 Zylinder-Diesel, 13 t Gesamtgewicht, Allradantrieb, im April 1984 Einsatzfahrzeug der FF. Baden b. Wien

Diamond T 969, Kranfahrzeug (KF), 8 t, Krananlage, 106 PS, 8775 ccm, 2300 U/min, 6 Zylinder-Motor, Baujahr 1945, ehemals US-Army, im April 1984 bei der FF. Bad Leonfelden im Einsatzdienst

GMC-REO M 62 6x6, Kranfahrzeug, (KF) 8 t Krananlage (ehemals US-Army und Bundesheer), Baujahr 1953, Vorbauseilwinde, im März 1985 bei der FF. Deutschlandsberg im Einsatz angetroffen

Magirus-Deutz 200 D 16A, Kranfahrzeug (KF) 16, 16 t Krananlage, Magirus-Aufbau, 12 Zylinder Dieselmotor, V-Form, 250 PS, 15966 ccm, 2300 U/min, 25,4 t Gesamtgewicht, Baujahr 1966, ehemals KW 16 der BF. Nürnberg/BRD, im April 1984 bei der FF. Baden b. Wien im Dienst

GMC-REO M 62 6x6, Kranfahrzeug 8 t, ehemals Bundesheer, Vorbauseilwinde, Baujahr 1955, im März 1985 bei der FF. Stainz angetroffen

Diamond 969 A, Kranfahrzeug 10 t, 7980 ccm, 11,3 t Gesamtgewicht, Baujahr 1953, im April 1984 bei der FF. Micheldorf im Einsatz

REO M 62 6x6, Kranwagen (KW) 8, 154 PS, ehemals US-Army/Bundesheer, Bj. 1944, im April 1984 bei der FF. Feldbach a.d.Raab im Dienst

GMC-REO M 62 6x6, Kranwagen (KW) 12, Baujahr 1953, im März 1985 bei der FF. Eichgraben im Dienst

Tatra 138 AV, Kranfahrzeug 9 t, ehemals Bundesheer, Baujahr 1968, 8 Zylinder V-Dieselmotor, 11762 ccm, 192 PS, 2000 U/min, 20 t Gesamtgewicht, im April 1984 bei der FF. Groß-Siegharts im Einsatz angetroffen

Tatra 138 AV, Kranfahrzeug 9 t, Baujahr 1967, Einsatzfahrzeug der FF. Gloggnitz im April 1985, hat dort den Spitznamen „Haifisch" erhalten

Tatra 138 AV, Kranfahrzeug 9 t, Baujahr 1969, ehemals Bundesheer, im April 1985 bei der FF. Altlengbach im Einsatz

Magirus-Deutz 200 D 16 A, Kranfahrzeug (KF) 8,8 t Krananlage, umfangreiche Geräteausstattung, Rosenbauer-Aufbau, V 8-Dieselmotor, 200 PS, 12667 ccm, 2300 U/min, 16 t Gesamtgewicht, Baujahr 1966, im April 1985 bei der BF. Innsbruck im Dienst

Scania 111, Kranfahrzeug (KF), 16,5 t Krananlage, 26,5 t Gesamtgewicht, Eigenumbau, ehemals Dreiachs-Schotterkipper für Baustellendienste, zusätzlich mit einer 40 t Panzerseilwinde eines ausgesonderten M 48-Kampfpanzers versehen, Baujahr des Fahrgestells 1967, im April 1985 bei der FF. Tulln im Einsatzdienst

Mercedes-Benz L 3000 F, Rüstfahrzeug (RF), ehemaliges LF 15 mit Daimler-Benz-Aufbau, 4 Zylinder-Diesel, 75 PS, Baujahr 1942, im April 1984 Einsatzfahrzeug der BTF. Eternit-Werke, Vöcklabruck

Mercedes-Benz L 4500 F, Rüstfahrzeug (RF), ehemals LF 25, Rosenbauer-Umbau in der Nachkriegszeit, gewölbte Panoramafrontscheibe, Baujahr des Fahrgestells 1944, im August 1982 bei der BF. Salzburg als Museumsfahrzeug erhalten

Steyr 380, Rüstfahrzeug (RF) (Eigenumbau) 6 Zylinder-Diesel, 90 PS, 5322 ccm, Baujahr 1959, im April 1984 bei der FF. Neumarkt a.W. im Einsatz

Steyr 480, Rüstfahrzeug (RF), ehemals TLF 2000, Haberkorn-Aufbau, 4 Zylinder-Diesel, 95 PS, 5322 ccm, 2300 U/min, Baujahr 1959, im April 1985 Einsatzfahrzeug der FF. Göss b. Leoben

Steyr 586 A, Schwerer Rüstwagen, Rosenbauer-Aufbau, Baujahr 1964, im April 1984 bei der FF. Salzburg, Lz. Gnigl im Dienst

Steyr 586, Schwerer Rüstwagen, Rosenbauer-Aufbau, Baujahr 1960, im März 1985 bei der FF. Arbesthal angetroffen

Steyr 380, TLF 2000/Rüstwagen, Rosenbauer-Aufbau, Baujahr 1957, im August 1985 bei der FF. Frastanz/Vorarlberg im Einsatz

Steyr 586, Rüstfahrzeug, Rosenbauer-Aufbau, Vorbauseilwinde 4,5 t, Baujahr 1962, BTF. Vereinigte Metallwerke, Ranshofen

Steyr 380, Stromfahrzeug (Generatorwagen), ehemals TLF 1500, Rosenbauer-Aufbau, 85 PS, Baujahr 1954, Eigenumbau, im April 1985 bei der FF. Kapfenberg angetroffen

Steyr 480, Gerätewagen-Öl, ehemals Bierwagen der Gösser-Brauerei, Eigenumbau, Baujahr 1957, im April 1985 bei der FF. Göss fotografiert

Steyr-OM Tigrotto, Gerätewagen-Wasserrettung, (Taucherwagen), ehemals Bundesheer, 92 PS, Baujahr 1967, BF. Klagenfurt im April 1984

Opel Blitz 3,6-42, Gerätewagen-Wasserrettung, Eigenumbau, Baujahr des Fahrgestells 1944, im August 1982 Museumswagen bei der BF. Salzburg

Steyr 480, Gerätewagen-Öl, ehemals Lkw, Polyform-Aufbau 1976, Baujahr des Fahrgestells 1959, im April 1985 bei der FF. Tulln

Gräf & Stift LADF D-200/36, Rüstfahrzeug (ehemals Bundesheer), 26 t Gesamtgewicht, 200 PS, 10810 ccm, Vorbauseilwinde, Baujahr 1965, im April 1985 bei der FF. Neunkirchen im Einsatz

GMC CCKW 353, Rüstfahrzeug mit Krananlage, (RF-K) Eigenumbau, Seilwinde, 91,5 PS, Baujahr 1943, im April 1985 bei der FF Tullnerbach

Mercedes-Benz L 1500 S, MTW/Lkw, Eigenumbau aus einem LLG mit Daimler-Benz-Aufbau, Baujahr 1941, FF. Fügen i. Zillertal

Steyr 480, Rüstfahrzeug (ehemals Kühlwagen), Baujahr 1969, bei der FF. Groß-Enzersdorf im April 1984 im Dienst

Steyr 480, Rüstfahrzeug (ehemals Lkw), Baujahr 1965, Einsatzfahrzeug der FF. Altmünster im April 1984

Steyr 370, Lkw u. Gerätewagen mit angebauter Vorbaupumpe, luftgekühlter 8 Zylinder-Benzinmotor, 80 PS, 3517 ccm, Baujahr 1948, bis 1982 im Einsatz bei der FF. Obermarkersdorf, aufgenommen im August 1985 als Museumsfahrzeug (restauriert)

Steyr 380, Lkw/MTW, ehemals TLF 1500 Rosenbauer-Aufbau, Gruppenkabine für 9 Mann, Umbau durch Eigenleistung der Wehr, 85 PS, 5322 ccm, 2200 U/min, Baujahr 1955, im April 1984 bei der FF. Gleisdorf im Dienst

Mercedes-Benz L 323, TSF, MTW, GW (Mehrzweckfahrzeug), Eigenumbau aus einem Lkw unter Erweiterung des Fahrerhauses zu einer Doppelkabine, Baujahr des Fahrgestells 1961, 6 Zylinder-Diesel, 100 PS, 4580 ccm, 3000 U/min, im April 1984 bei der FF. Strasswalchen, Lz. Irrdorf im Dienst

Steyr 586 A, Lkw/Rüstfahrzeug mit Schneeräumeinrichtung, Allradantrieb, Baujahr 1960, im April 1985 bei der FF. Palting als Einsatzfahrzeug angetroffen

Steyr 586, Lkw mit HIAB-Ladekran, Bj. 1965, im April 1984 bei der BF. Klagenfurt im Einsatz

Steyr 480, Lkw (ehemals Bierwagen der Gösser-Brauerei), Baujahr 1962, bei der FF. Leoben im April 1985 im Dienst

Steyr 680, Lkw 6 t, 10,5 t Gesamtgewicht, Bj. 1967, bei der FF. Tulln im April 1985 angetroffen

Steyr 780, Lkw mit Ladekran, 132 PS, 8 t Nutzlast, 13 t Gesamtgewicht, Bj. 1964, FF. Neulengbach im März 1985

Opel Blitz 6700 A, Gerätewagen/TSF, ehemaliger Funkkoffer der Wehrmacht, bis auf Blaulichter, Farbanstrich und natürlich „Innenleben'' noch im Ursprungszustand, Bj. 1943, 1945 von der FF. Leonhard i. Pitztal bei einem Kilometerstand von nur 2800 übernommen, dort noch im August 1985 bei erst 10.000 Kilometern Leistung im Einsatzdienst!

Opel Blitz 6700 A der FF. St. Leonhard i. Piztal — Seitenansicht des Fahrzeugs

Chevrolet G 7107 4 x 4 (Allrad), MTW/TSF, ehemals US-Army, Eigenumbau, offene Sitzbänke, Bj. 1941, bei der FF. Rastbach im April 1984 im Dienst

Morris 1 t, Tragkraftspritzenfahrzeug (TSF), Eigenumbau nach 1945, 70 PS, 2199 ccm, Allradantrieb, ehemals brit. Armee, Baujahr des Fahrgestells 1943, im März 1985 bei der FF. Wies angetroffen

Canada-Ford, MTW/Lkw mit angebauter Rosenbauer-Vorbaupumpe, Bj. 1944, ehemals brit. Armee, FF. St. Christophen im April 1985

Morris 1 t, LFA, Eigenumbau, 70 PS, Bj. 1943, Umbau zum Löschfahrzeug 1955, FF. Lauterbach b. Kirchdorf im April 1984

Austro-Daimler ADFK 4 x 4, Geländefahrzeug (Prototyp) Bj. 1940, war zur Lieferung an den äthiopischen Kaiser Haile Selassi vorgesehen, jetzt FF. Bruck a.d. Mur

Horch mittl. Einheits-Pkw Typ 40, TSF, 80 PS, 3,3 t Gesamtgewicht, Eigenumbau, ehemals Deutsche Wehrmacht, seit 1946 bei der BTF. Neusiedler AG, Hirschwang, Bj. 1941

Steyr 2000 A, Tragkraftspritzenfahrzeug/LFA (Mehrzweckfahrzeug), Eigenumbau in der Nachkriegszeit, ehemals Geländelastwagen der Deutschen Wehrmacht, heckseitig eingebaute Feuerlöschpumpe, Notstromaggregat als Vorbau ausgeführt, luftgekühlter V 8-Benzinmotor, 93 PS, Einsatzfahrzeug der FF. Affnang im April 1985

Seitenansicht des Löschfahrzeugs der FF. Affnang

Steyr 640 6 x 4, MTW mit angebauter Vorbaupumpe, ehemaliger Geländelastwagen der österreichischen Armee, 1,5 t Nutzlast, 55 PS, 6 Zylinder-Vergasermotor, 3800 U/min, 2260 ccm, Bj. 1934, seit Kriegsende in Diensten der Feuerwehr, im April 1985 bei der FF. Thalsdorf noch vorhanden, dort bis 1972 im Einsatz gestanden

Steyr 640 6 x 4, LFA mit angebauter Vorbaupumpe, Nachkriegsumbau, Baujahr 1938, technische Daten wie beim Fahrzeug oben, im April 1985 bei der BTF. Voest-Alpine, Eisenerz noch voll im Einsatz

Dodge T 214-WC 52, Tragkraftspritzenfahrzeug, Gerätewagen, Rüstfahrzeug, Eigenumbau, Vorbauseilwinde, 6 Zylinder-Vergasermotor, 76 PS, 3772 ccm, 3200 U/min, ehemals US-Army oder Bundesheer, Bj. der Fahrgestells 1944, im April 1984 bei der FF. Ried im Einsatz

Dodge T 214-WC 52, Mehrzweckfahrzeug (MZF), Lohner-Aufbau, ehemals Bundesheer, Bj. 1944, Einsatzfahrzeug der FF. Reifnitz a. Wörthersee im März 1985

Dodge 6 x 6, Mannschaftstransportfahrzeug (MTF) mit Vorbauseilwinde, Bj. 1945, im April 1984 Einsatzfahrzeug der FF. Feldbach a.d. Raab

Dodge T 214-WC 52, Rüstfahrzeug, Eigenumbau, Bj. 1945, FF. Rekawinkel im April 1985

Dodge T 214-WC 52, Mannschaftstransportfahrzeug, Bj. 1945, bei der FF. Totzenbach im März 1985 aufgenommen

Dodge T 214-WC 52, Mannschaftstransportfahrzeug, Bj. 1944, FF. Hennersdorf im März 1985

Dodge T 214-WC 52, Mannschaftstransportfahrzeug, Bj. 1943, FF. Hainburg/Donau im April 1984

Steyr 6 x 4, Mannschaftstransportwagen/Mehrzweckfahrzeug, ehemaliges Geländefahrzeug der österreichischen Armee, Baujahr des Fahrgestells 1934, nach dem Kriege zu einem Löschfahrzeug umgebaut, im August 1982 bei der FF. Straßwalchen als Museumsfahrzeug vorhanden

Steyr 1500 A, Tragkraftspritzenfahrzeug/Eigenumbau, luftgekühler 4 Zylinder-Benzinmotor, 85 PS, Bj. 1938, noch im April 1984 Einsatzfahrzeug bei der FF. Frein b. Frankenburg

Willys Jeep, MTF und Verbindungsfahrzeug, 60 PS, 2200 ccm, 4000 U/min, 80 km/h, Bj. 1945, im April 1985 bei der FF. Eisenerz im Einsatz

Willys Jeep, MTF/Kommandofahrzeug, Bj. 1940, im März 1985 bei der FF. Hart/Zillertal

Willys Jeep, Kommandofahrzeug, Bj. 1945, BTF. Voest Alpine, Traisen im April 1985

Kaiser-Jeep, MTF, 105 PS, Bj. 1958, im April 1985 auf dem Flugplatz Kapfenberg im Einsatz

Borgward B 2000 A/O, Kleinlöschfahrzeug, Eigenumbau, ehemals Deutsche Bundeswehr, Bj. 1957, aufgenommen bei der FF. Anger im April 1984

Steyr-Puch Haflinger, Schlauchtransporter, luftgekühlter Boxermotor mit 25 PS, 643 ccm, 4500 U/min, Allradantrieb, Bj. 1964, FF. Bad Ischl, aufgenommen im April 1985

Steyr-Puch Pinzgauer Typ 712, Mannschaftstransportfahrzeug, 1,5 t Nutzlast, 87 PS, 2500 ccm, 4000 U/min, 4 Zylindermotor, Luftkühlung, Bj. 1980, im März 1985 bei der Thaldorf im Einsatz

Fiat 1100 TD, Tragkraftspritzenfahrzeug, 4 Zylindermotor, 50 PS, 1901 ccm, Bj. 1966, Einsatzfahrzeug der FF. Dornbach im März 1985

Ford Transit FK 1000/1,5, TSF, Gugg-Vorbaupumpe FP 250/7, 4 Zylinder-Vergasermotor, 55 PS, 1498 ccm, 4250 U/min, Bj. 1956, im Einsatz bei der FF. Vordersdorf im März 1985

Ford FK 1250, TSF, Haberkorn-Aufbau, Bj. 1959, im April 1985 bei der FF. Lilienfeld im Einsatz

Landrover L 109, Kleinföschfahrzeug (KLF), Rosenbauer-Aufbau, 6 Zylinder-Benzinmotor, 86 PS, 2605 ccm, 4500 U/min, Bj. 1965, im März 1985 bei der FF. Thalsdorf im Einsatz — im Hintergrund grüßt die Burganlage Hochosterwitz

Abkürzungsverzeichnis

LLF	Leichtes Löschfahrzeug	TLF	Tanklöschfahrzeug m. Allradantrieb
LFA	Leichtes Löschfahrzeug (Allradantrieb)	TROLF	Trockenlöschfahrzeug
		SF	Schlauchfahrzeug
LF	Löschfahrzeug	GTLF	Großtanklöschfahrzeug
ULF	Universallöschfahrzeug	TW	Tankwagen
SRF	Schweres Rüstfahrzeug	GW	Gerätewagen
TS	Tragkraftspritze	RKW	Rüstkranwagen
DL	Drehleiter	SLF	Schweres Löschfahrzeug
KDOF	Kommandofahrzeug	TSF	Tragkraftspritzenfahrzeg
GB	Gelenkbühne	WRF	Wasserrettungsfahrzeug
KF	Kranfahrzeug	LF 8	Löschgruppenfahrzeug m. FP 8/8
KLF	Kleinföschfahrzeug	LF 15	Löschgruppenfahrzeug m. FP 15/8
MTF	Mannschaftstransportfahrzeug	LF 16	Löschgruppenfahrzeug m. FP 16/8
RF	Rüstfahrzeug	LF 25	Löschgruppenfahrzeug m. FP 25/8
RFK	Rüstfahrzeug m. Kran	TLF 15	Tanklöschfahrzeug m. FP 15/8